FORSCHUNGSBERICHTE DES LANDES NORDRHEIN-WESTFALEN

Nr. 1662

Herausgegeben
im Auftrage des Ministerpräsidenten Dr. Franz Meyers
vom Landesamt für Forschung, Düsseldorf

DK 674.815.001 4/6

Dr. rer. nat. Günther Stegmann
Dipl.-Forsting. Jaroslav Durst

Wilhelm-Klauditz-Institut für Holzforschung
an der Technischen Hochschule Braunschweig

Grundlagenforschung über die technische Nutzbarmachung von geringwertigem Wald- und Abfallholz — Nutzbarmachung von Eichenholz zur Herstellung von Holzspanwerkstoffen

WESTDEUTSCHER VERLAG · KÖLN UND OPLADEN 1966

ISBN 978-3-663-06334-6   ISBN 978-3-663-07247-8 (eBook)
DOI 10.1007/978-3-663-07247-8

Verlags-Nr. 011662

© 1966 by Westdeutscher Verlag, Köln und Opladen

Gesamtherstellung: Westdeutscher Verlag · Printed in Germany

Inhalt

1. Einleitung – Gesichtspunkte zur Rohholzversorgung der Spanplattenindustrie – Aufgabenstellung 7

2. Forst- und holzwirtschaftliche Feststellungen bei der Aufarbeitung und Verwertung von Eichenschichtholz 11

3. Erfahrungen bei der Herstellung von Eichenholzspänen 13

4. Versuchsarbeiten zur Herstellung von Holzspanplatten unter Verwendung von Eichenschichtholz 15

    4.1 Herstellung und Bewertung von einschichtigen, 16 mm dicken Holzspanplatten aus Eichenholz im Vergleich zu Spanplatten aus anderen Holzarten (Laborversuche) 15

    4.2 Herstellung und Bewertung von dreischichtigen, 16 mm dicken Holzspanplatten mit verschiedenem Anteil an Eichenholzspänen aus Eichenschichtholz in der Mittelschicht 19

    4.2.1 Laborversuche 19

    4.2.2 Industrieversuche 21

    4.3 Herstellung und Bewertung von dreischichtigen, 16 mm dicken Holzspanplatten mit verschiedenem Anteil an Eichenholzspänen aus Eichenholzschwarten in der Mittelschicht (Laborversuche mit industriell hergestellten Spänen) 21

    4.4 Herstellung und Bewertung von 16 mm dicken Spanplatten aus Eichenholz und anderen Holzarten (Industrieversuche, Windschütt-Verfahren) 29

    4.5 Herstellung und Bewertung von 13 mm dicken Holzspanplatten nach dem Strangpreß-Verfahren mit und ohne Eichenholz (Industrieversuche) 31

5. Ausblick – Rohstoffliche Betrachtungen 33

6. Zusammenfassung 35

7. Literaturverzeichnis 37

1. Einleitung — Gesichtspunkte zur Rohholzversorgung der Spanplattenindustrie — Aufgabenstellung

In den letzten zehn Jahren ist die Produktion von Holzspanplatten in der Bundesrepublik Deutschland von rd. 0,11 auf über 1,5 Mill. m³ angestiegen (Abb. 1). Entsprechend nahm der Rohholzverbrauch von rd. 0,14 auf ca. 2,3 Mill. fm zu (Tab. 1). Mit einem weiteren Anstieg der Spanplattenproduktion ist hauptsächlich infolge Vergrößerung der Nachfrage auf weiteren Verwendungsgebieten zu rechnen [13]. Dadurch wird sich der Rohstoffverbrauch auch weiterhin erhöhen. Zur Deckung des wachsenden Bedarfs der Spanplattenindustrie an Rohholz – Holzimport wird nur in beschränktem Maße möglich sein, und für schwaches Nadelholz besteht seitens anderer Industriezweige rege Nachfrage – kommen die verhältnismäßig billigen und bisher nur wenig von der Spanplattenindustrie verwendeten Laubhölzer in Frage, soweit sie in den Einzugsgebieten der Werke in größeren Mengen vorrätig sind. Neben der Buche ist in erster Linie die Eiche zu nennen; ihr Anteil an der Waldfläche beträgt in einigen Bundesländern 15–20% (Abb. 2). Von den rd. 1 Mill. fm im gesamten Bundesgebiet jährlich eingeschlagenen Eichenschichtholz, das sind rd. 52% vom gesamten Eichenholzeinschlag, entfallen nach der Einschlagsortierung rd. 8% auf Schichtnutzholz und rd. 92% auf Brennholz (Tab. 2). Infolge Umstellung des Brennstoffmarktes auf Kohle und Heizöl ist Eichenbrennholz nur noch sehr schwer abzusetzen und kann dadurch technischen Zwecken zugeführt werden.

Das Wilhelm-Klauditz-Institut für Holzforschung an der Technischen Hochschule in Braunschweig, als Bindeglied zwischen der Forstwirtschaft und der Holzindustrie, hat sich seit jeher zur Aufgabe gemacht, zur vermehrten und rationellen technischen Verwertung des Holzes beizutragen. In Forschungs- und Entwicklungsarbeiten konnte das Institut auf vorhandene Möglichkeiten bei der Rohstoffversorgung der Spanplattenindustrie hinweisen [4–9], um durch Einbeziehung noch verfügbarer, jedoch schwer absetzbarer Holzsortimente die technische Holzausnutzung zu erhöhen. So war es dem Institut gelungen, in verschiedenen Untersuchungen [5, 7, 9] die Eignung von Laubholz, insbesondere Buchenholz, für die Spanplattenherstellung nachzuweisen, so daß dadurch die Verwendung von Buchenholz in der Spanplattenindustrie ab 1954/55 aufgenommen werden konnte (Tab. 1). Im Verlauf der nächsten Jahre stieg der Verbrauch von Buchenholz in der Spanplattenindustrie, der 1956 erst rd. 30 000 fm o. R. betrug, über rd. 65 000 fm o. R. im Jahre 1958 auf rd. 140 000 fm o. R. im Jahre 1962 und erreichte 1964 die Höhe von rd. 220 000 fm o. R. (Tab. 3) [10–13]. In den verflossenen zehn Jahren sind insgesamt rd. 1 Mill. fm schwaches Buchenholz von der Spanplattenindustrie aufgenommen worden.

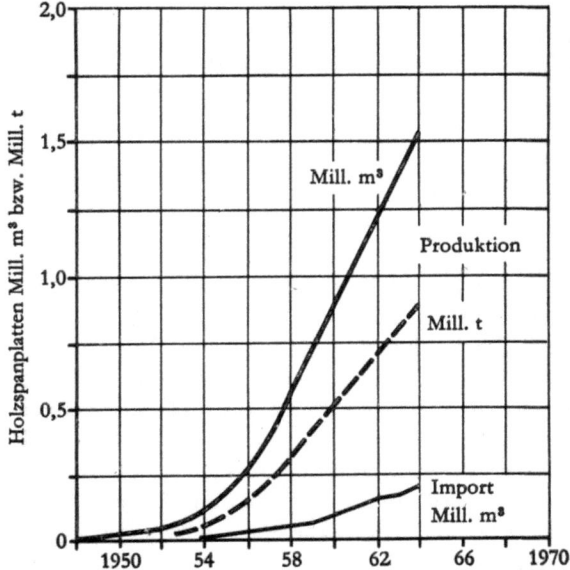

Abb. 1 Entwicklung der Spanplattenproduktion in der Bundesrepublik Deutschland im Zeitraum von 1948 bis 1964

Tab. 1 *Rohholzverbrauch (Inland und Import) nach Grundsortimenten in der Spanplattenindustrie, 1954–1964*

Jahr	Verbrauch insgesamt	Waldholz		Industrierestholz	
		Nadelholz	Laubholz	Stückreste (Nadel- und Laubholz)	Hobel- und Schälspäne (Nadelholz)
	[1000 fm o. R.]	[1000 fm o. R.]		[1000 fm o. R.]	[1000 fm o. R.]
1954	140	70	20	40	10
1956	380	195	65	85	35
1958	700	320	130	140	110
1960	1250	560	190	170	330
1962	1600	680	270	190	460
1963	1860	870	290	190	510
1964 ca.	2300	1000	380[1]	245[2]	675[3]

[1] Davon Buchenholz 220, Pappelholz 75, Birkenholz 55, sonstiges Laubholz 30. Tsd. fm.
[2] Darunter 15 000 fm Hackschnitzel.
[3] Darunter 20 000 fm Sägespäne.

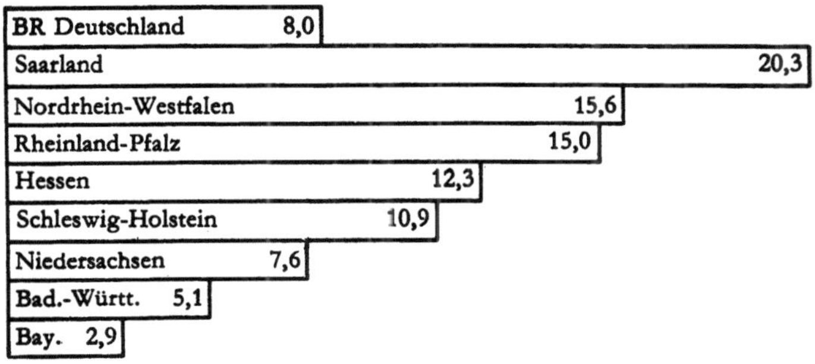

```
BR Deutschland      8,0
Saarland                              20,3
Nordrhein-Westfalen              15,6
Rheinland-Pfalz                  15,0
Hessen                        12,3
Schleswig-Holstein         10,9
Niedersachsen        7,6
Bad.-Württ.  5,1
Bay.  2,9
```

Abb. 2 Waldflächenanteil der Eiche in den Ländern der Bundesrepublik Deutschland

Tab. 2 *Einschlag von Eichenholz (Durchschnitt aus den Jahren 1951–1964) in den Ländern der Bundesrepublik Deutschland*

Bundesländer	Stamm- und Grubenholz [1000 fm o. R.]	Schichtnutz- und Brennholz [1000 fm o. R.]	Schichtnutzholz [1000 fm o. R.]	Brennholz [1000 fm o. R.]
Baden-Württemberg	152	267	7	260
Bayern	145	171	11	160
Hessen	118	178	18	160
Niedersachsen	116	82	12	70
Nordrhein-Westfalen	187	102	12	90
Rheinland-Pfalz	158	152	12	140
Schleswig-Holstein	26	23	3	20
Saarland	25	18	8	10
Bundesgebiet	927	993	83	910

In vorliegender Arbeit werden nunmehr wirtschaftliche und technische Gesichtspunkte bei der Verwendung von Eichenschichtholz[1] in der Spanplattenindustrie herausgestellt; durch technische Untersuchungen soll festgestellt werden, welche physikalisch-mechanischen Eigenschaften bei Spanplatten aus Eichenholz im Vergleich zu solchen aus anderen Holzarten zu erwarten sind und bis zu welchem Gewichtsanteil Eichenholz anderen Holzarten beigemischt werden kann, ohne daß sich die Eigenschaften der Spanplatten ändern.

---

[1] Soweit in der vorliegenden Untersuchung nicht anders bezeichnet, handelt es sich um Stiel- und Traubeneiche.

Tab. 3 Rohholzverbrauch in der Spanplattenindustrie, aufgeschlüsselt nach Holzarten und -sortimenten, 1956–1964
(in 1000 fm o. R.)

	1956	1958	1960	1962	1963	1964
Waldholz						
Fichte	55	100	155	240	370	400
Kiefer	140	220	405	440	500	600
Sa. Nadelholz	195	320	560	680	870	1000
Buche	30	65	90	140	175	220
Birke	20	35	50	60	40	55
Pappel	10	15	25	30	50	75
sonstiges Laubholz	5	15	25	40	25	30
Sa. Laubholz	65	130	190	270	290	380
Sa. Waldholz	260	450	750	950	1160	1380
dav. Import % (ca.)	20	15	10	12	12	13
Industrierestholz						
Stückreste	85	140	170	190	190	245
Späne	35	110	330	460	510	675
Sa. Industrierestholz	120	250	500	650	700	920
dav. Import % (ca.)	–	–	20	–	22	20
Gesamt Rohholz	380	700	1250	1600	1860	2300

2. Forst- und holzwirtschaftliche Feststellungen bei der Aufarbeitung und Verwertung von Eichenschichtholz

Zur Klärung von Fragen einer geeigneten Aufarbeitung von Eichenschichtholz wurde in einem niedersächsischen Forstamt in Anwesenheit von Vertretern der Forstwirtschaft, Holzforschung und Spanplattenindustrie Eichenholz nach dem Einschlag aufgearbeitet und dabei festgestellt, daß sich bei entsprechender sorgfältiger Sortierung in Anlehnung an die Qualitätsmerkmale für Buchenfaserholz ca. 50–60% des Schichtholzes zur Spanplattenherstellung eignen (Abb. 3 und 4). Ferner wurden die durchschnittlichen Kosten für das Schälen von Eichenschichtholz im Walde untersucht; sie lagen beim Scheit- und Rollenholz bei rd. 77–79% der Kosten für Aufarbeitung und Rücken bis zu 30 m (einschließlich 20% Erschwerniszuschlag und 50% Sozialbeiträge) [2]. Wird Eichenholz nach dem Einschlag ein halbes bis ein Jahr in unentrindetem Zustand gelagert, dann läßt sich die Rinde vom Holz wesentlich leichter entfernen.

Bei der Verwertung von Eichenholz zur Herstellung von Spanplatten spielen naturgemäß auch wirtschaftliche Überlegungen in bezug auf die Holzausbeute in kp je Raummeter Holz eine Rolle. Die Ausbeute ist insbesondere vom Umrechnungsfaktor von Raummeter (Verkaufsmaß) in Festmeter und von der

Abb. 3   Geschältes Eichenscheitholz aus dem Kronenholz von Alteichen, nach den Qualitätsmerkmalen für Buchenfaserholz ausgehalten

Abb. 4 Geschälte Eichenrollen und unentrindete Eichenknüppel, die bei der Durchforstung eines 58jährigen Bestandes anfielen, nach den Qualitätsmerkmalen für Buchenfaserholz ausgehalten

Rohdichte des Holzes abhängig; hinzu kommt noch, daß bei sonst *gleichen* Verhältnissen in Raummaß aufgesetztes Holz mit *verschiedenem* Rindenanteil *unterschiedliche* Ausbeuten liefert. Die kp-Ausbeute je Festmeter Eichenholzrollen liegt ca. 15–20% niedriger als bei Buchenholzrollen gleichen Sortiments. Diese unterschiedliche Ausbeute ist auf verschiedenen Anteil an Rinde bei Buche (rd. 7% Rinde) und Eiche (rd. 19% Rinde) zurückzuführen. Da demzufolge im Eichenschichtholz nur etwa 80–85% des Gewichts von vergleichbarem Buchenholzsortiment enthalten sind, dürfte die obere Preisgrenze von ungeschältem Eichenschichtholz in Faserholzqualität nur ca. 85% des Preises für Buchenfaserholz betragen, wenn Eichenschichtholz in stärkerem Maße als bisher in der Spanplattenindustrie Eingang finden soll.

3. Erfahrungen bei der Herstellung von Eichenholzspänen

Ein besonderes Problem bei der Zerspanung von Eichenschichtholz sind der verhältnismäßig hohe Rindenanteil (ca. 19%) und die hohen Kosten der *Entrindung* des Holzes *im Walde*, auf die bereits im vorigen Abschnitt hingewiesen wurde. Daher wird es unter Umständen vorteilhafter sein, Eichenschichtholz für die Herstellung von Spanplatten im Werk maschinell zu entrinden oder ähnlich wie Buchenholz unentrindet zu zerspanen.
Gute Ergebnisse wurden bei der Entrindung von Eichenholz in frischem Zustand mit der Trommel oder nach ca. einjähriger Lagerung mit der Cambio-Entrindungsmaschine erzielt. Aus Frankreich liegen Erfahrungen über erfolgreiche Entrindung von Eichenschichtholz in der Trommel nach vorheriger Behandlung mit hochgespanntem Dampf (10 min lang) vor [3].
Bei der Zerspanung von unentrindetem Eichenschichtholz wird verständlicherweise die Frage aufgeworfen, wie sich der hohe Rindenanteil auf die Standzeit der Zerspanermesser auswirkt. Dabei ist zu unterscheiden zwischen den biologisch gegebenen Einlagerungsstoffen und den Fremdkörpern in der Rinde, welche zu einer verstärkten Messerabstumpfung führen können. Vergleicht man Eichenholz mit Buchenholz, das in der Spanplattenindustrie ebenfalls in unentrindetem Zustand zerspant wird, so muß man zunächst davon ausgehen, daß der Aschengehalt bei Buchenrinde 3–4% und bei Eichenrinde 4–7% beträgt; da die Mineralstoffe in der Rinde jedoch nur in begrenztem Umfange im kristallinen Zustand vorliegen, ist ihr Einfluß auf die Standzeit der Messer nicht erheblich. Auch wenn man die harten Steinzellen der Rinde berücksichtigt, verhält sich Eichenrinde beim Zerspanen sogar günstiger als Buchenrinde, da diese mehr Steinzellen aufweist. Aschengehalt und Steinzellen der Rinde sollten also keine wesentlichen Unterschiede in der Standzeit von Messern beim Zerspanen zwischen Buchen- und Eichenrinde bedingen. Bei Eichenholz ist jedoch oft mit einem hohen Fremdkörperanteil (Sand) in der Rinde zu rechnen. Bei ungünstigen Zerspanungsbedingungen, wie niedrige Holzfeuchte in Verbindung mit Fremdkörpereinschlüssen (Sand), kann sich die Messerstandzeit gegenüber frischem, entrindetem Holz erheblich verkürzen (um 30% und mehr). Die bei der Zerspanung bzw. Nachzerkleinerung in das Spangut gelangte kleinstückige und pulverförmige Rinde wird ebenfalls auf Grund der in der Industrie gesammelten Erfahrungen durch Sichtung oder Siebung der Späne bis zu rd. 80% aus dem Spangut entfernt. Eine andere Möglichkeit zur Herstellung von Spänen aus unentrindetem Eichenholz besteht darin, daß man das schwache Eichenholz im Walde mit der Maschine zerhackt und dann die Hackschnitzel mit dem Messerringzerspaner im Werk zerspant. Günstige Zerspanungsbedingungen (wie hohe Messerstandzeiten und optimale Zerspanungsleistung) sind bei einem Feuchtig-

keitsgehalt des zu zerspanenden Eichenholzes etwas oberhalb des Fasersättigungsbereiches (35–40%) zu erwarten.

Zerspanungsversuche unter industriellen Bedingungen an gemeinsam zerspantem Kiefern–Eichenholz-Gemisch (Flachscheibenzerspaner der Firma Bezner) bzw. Kiefern-, Buchen- und Eichenholz-Gemisch (Bähre- bzw. Hombak-Zerspaner) in einem Arbeitsgang ergaben, daß die Zerspanung der genannten Holzartenmischungen gut möglich ist. Dabei sei bemerkt, daß die Eichenholzspäne vorwiegend in der Frühholzzone aufreißen, da diese infolge Anhäufung von verhältnismäßig großen Poren (ringporige Holzart) weniger fest als die Spätholzzone ist (Abb. 5). Bei den mit dem Bähre-Zerspaner hergestellten Spänen war das Verhältnis zwischen Länge und Breite verhältnismäßig hoch.

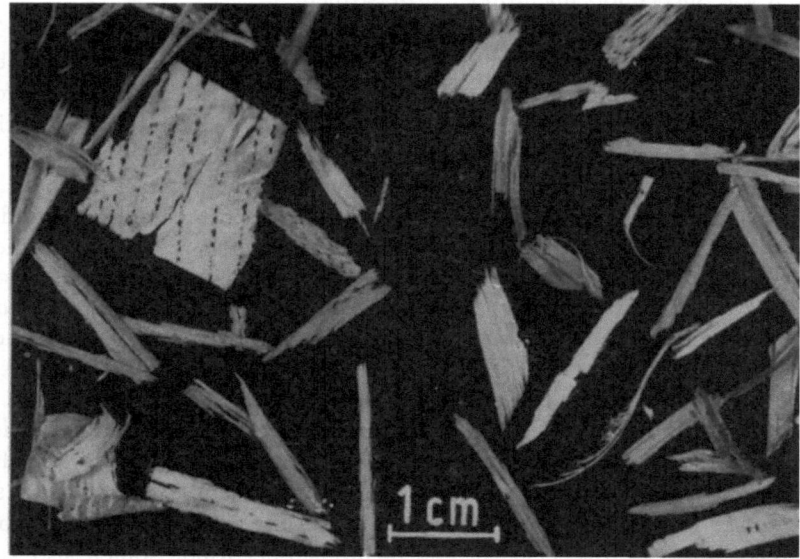

Abb. 5 In der Frühholzzone mit Anhäufungen von Großporen eingerissene und aufgespaltene Eichenholzschneidspäne

4. Versuchsarbeiten zur Herstellung von Holzspanplatten unter Verwendung von Eichenschichtholz

4.1 Herstellung und Bewertung von einschichtigen 16 mm dicken Holzspanplatten aus Eichenholz im Vergleich zu Spanplatten aus anderen Holzarten (Laborversuche)

Eine vergleichende Bewertung von Spanplatten aus verschiedenen Holzarten ist nur dann möglich, wenn sämtliche Spanplatten unter praktisch gleichen Fertigungsbedingungen hergestellt werden. Zum Vergleich der physikalisch-mechanischen Eigenschaften von Spanplatten aus Eichenholz mit denen von Spanplatten aus Pappel-, Fichten-, Kiefern- bzw. Buchenholz wurden Späne aus Holz in Faserholzqualität hergestellt. Für die Zerspanung diente ein Flachscheibenzerspaner (Bauart Wied), für die anschließende Nachzerkleinerung der Späne eine Zahnscheiben-Conduxmühle vom Typ Z 30. Die Späne waren unabhängig von der Holzart ca. 20–25 mm lang, 3–5 mm breit und 0,20–0,25 mm dick. Auf den auf rd. 3–4% Feuchtigkeit getrockneten Spänen wurden die Staub- und Feinstteile (8–10%) mit Hilfe eines Siebes (0,9 mm Maschenweite und 0,56 mm Drahtdurchmesser; 49 Maschen je Quadratzentimeter) entfernt. Dann wurden die Späne getrennt nach Holzart mit Harnstoff-Formaldehydharz (8 g Festharz/100 g atro Späne) ohne Zusatz von Hydrophobierungsmitteln beleimt und bei 170 °C zu 16 mm dicken Spanplatten verpreßt. Vor dem Heißpressen wurden je Spanvliesfläche 1,5% Wasser (bezogen auf die zu verpressende Spanmasse) aufgesprüht. Entsprechend der Rohdichten der Spanplatten von 0,55–0,65–0,75 g/cm³ betrugen die Schließzeiten ½–1 min und die Preßzeiten 5½–6½ min. Von den physikalisch-mechanischen Eigenschaften der hergestellten Spanplatten wurde nach Klimatisierung die Dickenquellung, Biege- und Querzugfestigkeit geprüft und sind in Abb. 6–8 als Mittelwertskurven dargestellt.

Bei Betrachtung von Abb. 6 ist zunächst eine Abhängigkeit der *Dickenquellung* der Spanplatten von der Holzart zu erkennen. So beträgt zum Beispiel die Dickenquellung der Spanplatten aus Eichenholz bei einer Plattenrohdichte von 0,70 g/cm³ nach 24stündiger Lagerung im Wasser nur 15%, die der Spanplatten auch Fichtenholz gleicher Plattenrohdichte dagegen 17%. Diese Erscheinung ist auf die stärkere Verdichtung der Späne aus Fichtenholz (r_{uH} = 0,45 g/cm³ Rohdichte[2]) beim Verpressen gegenüber Spänen aus Eichenholz mit r_{uH} = 0,67 g/cm³ zurückzuführen. Bei Spanplatten mit Rohdichte von 0,60 g/cm³ findet, insgesamt gesehen, in bezug auf die Rohdichte des Ausgangsholzes

---

[2] r_{uH} bzw. r_{uP} = Rohdichte vom Ausgangsholz (H) bzw. der Platte (P) bei Feuchtegleichgewicht im Normalklima (20 °C, 65% rel. Luftfeuchtigkeit); dieses liegt im Mittel bei 9%.

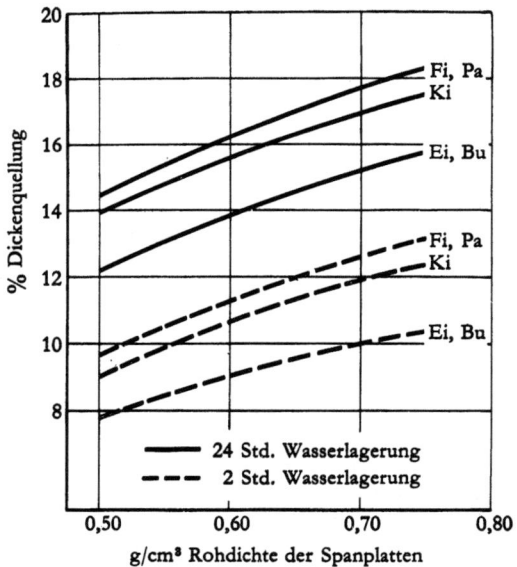

Abb. 6 Dickenquellung von Spanplatten aus Eichenholz (ohne Hydrophobierungsmittel) im Vergleich mit anderen Holzarten

(Eichenholz) keine Verdichtung statt; solche Spanplatten sind daher wesentlich poröser als das Ausgangsholz. Ihre Dickenquellung nach 24stündiger Lagerung im Wasser beträgt 14% gegenüber knapp 16% bei Spanplatten gleicher Rohdichte ($r_{uP} = 0{,}60$ g/cm³) aus Fichtenholzspänen (Holzrohdichte $r_{uH} = 0{,}45$ g/cm³), die eine Verdichtung erfahren haben. In gleicher Abbildung ist ferner eine Zunahme der Dickenquellung mit steigender Rohdichte der Spanplatten festzustellen. Während die Dickenquellung der Spanplatten aus Eichenholz bei einer Plattenrohdichte von 0,60 g/cm³ nach 24stündiger Lagerung im Wasser 14% beträgt, steigt sie auf 15% bei einer Plattenrohdichte von 0,70 g/cm³. Dies ist auf die höhere Verdichtung der Späne im höheren Rohdichtebereich der Spanplatten zurückzuführen, da eine *größere* Spänemenge zu einem *gleich großen* Spanplattenvolumen verpreßt wird. Schließlich quellen die Spanplatten nach 24stündiger Lagerung im Wasser stärker als nach zweistündiger Lagerung; dies ist vor allem auf die Aufnahme größerer Mengen an Wasser durch die Spanplatten zurückzuführen, wodurch eine größere Quellung der Späne und Minderung der bindenden Wirkung des Leimes durch zunehmende Hydratation eintritt. So erreicht die Dickenquellung der Spanplatten mit Plattenrohdichte 0,70 g/cm³ aus Eichenholz nach zweistündiger Lagerung im Wasser einen Wert von 10%, nach 24stündiger Lagerung dagegen einen solchen von 15%. Durch Zugabe von Hydrophobierungsmitteln wird die Dickenquellung verzögert; die Dickenquellung von 20 mm dicken Spanplatten aus Eichenholz nach zweistündiger Lagerung im Wasser bei Zusatz von 0,75% Festparaffin (auf atro Holz) als Hydrophobierungsmittel beträgt nur rd. 30% der Dickenquellung gleicher Spanplatten ohne Hydrophobierungsmittel.

Die Abb. 7 bestätigt die Gesetzmäßigkeiten der Biegefestigkeitsausbildung in Abhängigkeit von der Rohdichte der Holzarten und von der Rohdichte der daraus hergestellten Spanplatten; dabei wurde bei allen Plattentypen die gleiche Rohdichtedifferenzierung über dem Plattenquerschnitt eingehalten. Die *Biegefestigkeit* der Spanplatten wird um so größer, je niedriger die Rohdichte der verwendeten Holzart (gegenüber der Plattenrohdichte) ist. Bei gleicher Rohdichte ist eine Spanplatte aus Kiefernholzspänen daher biegefester als eine Spanplatte aus den schwereren Eichenholzspänen, und bei gleicher Holzart ist eine Spanplatte höherer Rohdichte biegefester als eine weniger stark verdichtete Spanplatte niedriger Rohdichte. Bei einer Plattenrohdichte von 0,60 g/cm³ beträgt die Biegefestigkeit der Spanplatten aus Eichenholz rd. 70% der Biegefestigkeit der gleich schweren Spanplatten aus Kiefernholz; erst bei einer Plattenrohdichte von 0,67 g/cm³ erreichen die Spanplatten aus Eichenholz eine annähernd gleiche Biegefestigkeit wie die Spanplatten aus Kiefernholz mit einer Plattenrohdichte von 0,60 g/cm³. Durch entsprechende Maßnahmen, wie günstige Rohdichtedifferenzierung über dem Plattenquerschnitt, Erhöhung des Bindemittelgehaltes und Verwendung dünner Späne in den Deckschichten, können Spanplatten aus Eichenholz auch ohne Erhöhung der Plattenrohdichte mit annähernd gleicher Biegefestigkeit wie aus Kiefernholz hergestellt werden.

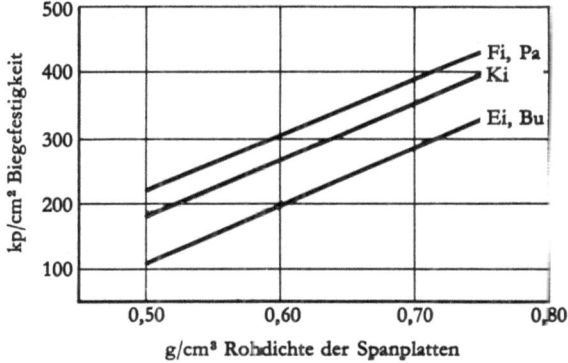

Abb. 7 Biegefestigkeit von Spanplatten aus Eichenholz (ohne Hydrophobierungsmittel) im Vergleich mit anderen Holzarten

Ähnlich wie die Biegefestigkeit verhält sich im Hinblick auf die Rohdichte des verwendeten Holzes auch die *Querzugfestigkeit* der Spanplatten; sie ist im allgemeinen um so größer, je leichter die Holzart der Späne ist und je stärker die Späne verdichtet werden. Spanplatten aus Eichenholz (und Buchenholz) besitzen daher im untersuchten Rohdichtebereich bei gleicher Plattenrohdichte eine entsprechend niedrigere Querzugfestigkeit als solche aus leichteren Holzarten (Abb. 8). Eine Variierung der Spandicke zwecks Veränderung der Querzugfestigkeit ist jedoch nur wenig wirksam, da sich die Spanabmessungen auf die

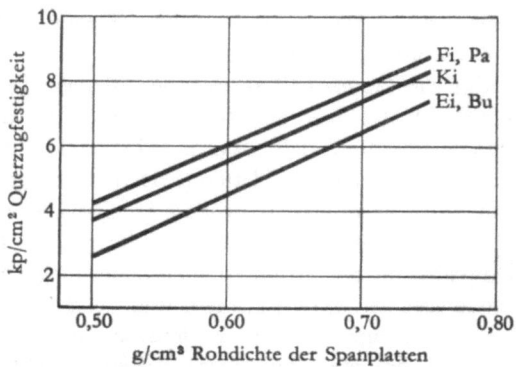

Abb. 8 Querzugfestigkeit von Spanplatten aus Eichenholz (ohne Hydrophobierungsmittel) im Vergleich mit anderen Holzarten

Querzugfestigkeit weit geringer auswirken als auf die Biegefestigkeit. Bei Erhöhung der Rohdichte von 0,60 auf 0,70 g/cm³ steigt die Querzugfestigkeit der Spanplatten aus Eichenholz um rd. 20%.
Auf Grund weiterer Untersuchungen eignet sich zur Herstellung von Spanplatten neben dem Holz der obenerwähnten Trauben- und Stieleiche, auf die sich die Hauptuntersuchungen erstreckten, auch das Holz der *Roteiche* (Abb. 9). Diese Feststellungen sind vor allem für bestimmte Gebiete der Bundesrepublik interessant, in denen die Roteiche in größeren Mengen anfällt. Das Holz der *Roteiche* besitzt eine mittlere Rohdichte r_{uH} von rd. 0,68 g/cm³; die Rohdichte liegt demzufolge nur geringfügig höher als beim Holz der Stiel- und Trauben-

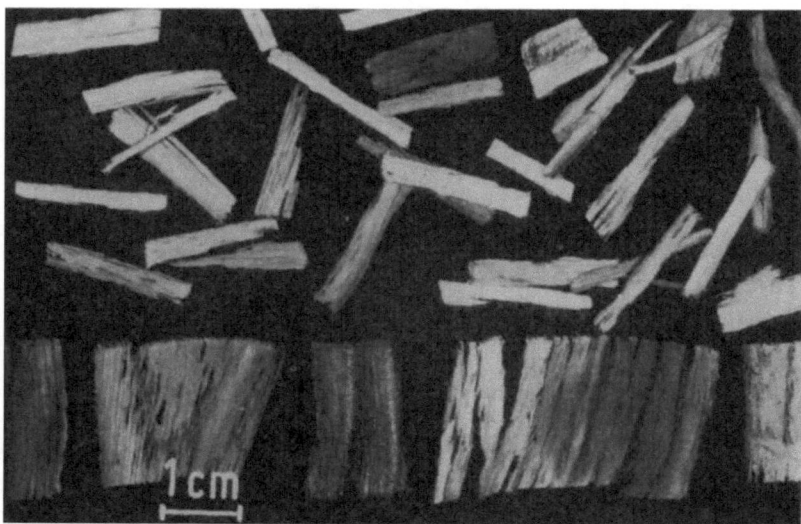

Abb. 9 Roteichenholzschneidspäne vor (unten) und nach (oben) der Nachzerkleinerung

eiche. Wie die Versuche gezeigt haben, sind diese Unterschiede der Rohdichte zu gering, um *echte* Unterschiede zwischen den physikalisch-mechanischen Eigenschaften der Spanplatten aus Roteichenholz und den Eigenschaften der gleich schweren Spanplatten aus Stiel- bzw. Traubeneichenholz nachweisen zu können.

4.2 Herstellung und Bewertung von dreischichtigen 16 mm dicken Holzspanplatten mit verschiedenem Anteil an Eichenholzspänen aus Eichenschichtholz in der Mittelschicht

4.2.1 Laborversuche

Die Versuche wurden mit dem Ziel durchgeführt, um festzustellen, bis zu welcher Menge Hobel- und Schälspäne aus Nadelholz in der Mittelschicht von dreischichtigen Spanplatten mit Deckschichten aus Kiefernholzspänen bei der laufenden Produktion eines Spanplattenwerkes durch Schneidspäne aus Eichenholz ersetzt werden können, ohne daß sich die physikalisch-mechanischen Eigenschaften der Spanplatten ändern. Zu diesem Zweck wurden der Mittelschicht von Spanplatten an Stelle von Hobel- und Schälspänen Eichenholzschneidspäne in Mengen von 20 und 50 Gew.-% beigegeben.

Die in einem Spanplattenwerk aus unentrindetem Holz mit einem Feuchtigkeitsgehalt von ca. 35% hergestellten und mit einer Labormühle nachzerkleinerten Eichenholzspäne waren rd. 40 mm lang, 4 mm breit und 0,4 mm dick; die Hobel- und Schälspäne waren dagegen etwas kleiner und dünner. Die rd. 10 mm langen, 2 mm breiten und 0,3 mm dicken Deckschichtspäne wurden aus Kiefernfaserholz unter Betriebsverhältnissen hergestellt. Die Festharzmenge (Harnstoff-Formaldehydharz) je 100 g atro Späne betrug bei Deckschichtspänen (insgesamt 33 Gew.-% des Plattengewichtes) 10 g, bei Mittelschichtspänen (67 Gew.-% des Plattengewichtes) dagegen 7 g/100 g atro Späne. Die Beleimung der Späne wurde im Labor mit einer Beleimungsmaschine, die nach dem Sprühumwälzverfahren arbeitet, vorgenommen. Eine Entmischung des aus Eichen- und Nadelholzspänen bestehenden Mittelschichtspangutes wurde nicht festgestellt. Hydrophobierungsmittel wurde dem Bindemittel nicht zugefügt. Die Dicke der Spanplatten war bei einer Rohdichte von 0,65 g/cm³ auf 16 mm eingestellt.

Die Herstellung der Spanplatten erfolgte unter gleichen Herstellungsbedingungen wie im Spanplattenwerk, nämlich bei 140°C Preßtemperatur, 1 min Schließzeit und 8 min Preßzeit. Nach der Klimatisierung der Spanplatten wurden ihre Dickenquellung, Biege- und Querzugfestigkeit untersucht.

Echte Unterschiede zwischen der *Dickenquellung* von Spanplatten mit 20 und 50 Gew.-% Eichenholzspänen in der Mittelschicht bestehen nicht, wie aus Tab. 4 hervorgeht. Weiter ist ersichtlich, daß auch die Werte für *Biegefestigkeit* der drei hergestellten Spanplattentypen sich nicht wesentlich voneinander unterscheiden. Auch die Unterschiede der *Querzugfestigkeit* der Spanplattentypen liegen im Bereich der Streubreite.

Tab. 4 *Physikalisch-mechanische Eigenschaften von dreischichtigen 16 mm dicken Spanplatten (ohne Hydrophobierung; 140° C Preßtemperatur) mit unterschiedlichem Anteil an Eichenholz in der Mittelschicht*

Platten-typ Nr.	Plattenaufbau						Rohdichte	Dickenquellung		Biege-festigkeit	Querzug-festigkeit
	Deckschichten 1/3 Gew.-Anteil		Mittelschicht 2/3 Gew.-Anteil								
	Holzart	Bindemittel-aufwand [g FH/100 g atro Späne]	Holzarten-mischungs-verhältnis [Gew.-%]		Bindemittel-aufwand [g FH/100 g atro Späne]		r_u [g/cm³]	2 Std. [%]	24 Std. [%]	[kp/cm²]	[kp/cm²]
1	Kiefer	10	0 Eiche,	100 Nadelholz*	7		0,65	10,5	15,5	235	7,5
2	Kiefer	10	20 Eiche,	80 Nadelholz*	7		0,65	10,0	15,5	260	6,8
3	Kiefer	10	50 Eiche,	50 Nadelholz*	7		0,65	10,0	15,0	266	6,2

* Hobel- und Schälspäne.

Die physikalisch-mechanischen Eigenschaften von Spanplatten mit 20 bzw. 50 Gew.-% Eichenholzschneidspänen und 80 bzw. 50% Hobel- und Schälspänen aus Nadelholz in der Mittelschicht unterscheiden sich demzufolge praktisch nicht von denen der Spanplatten mit einer Mittelschicht aus nur Hobel- und Schälspänen aus Nadelholz.

4.2.2 Industrieversuche

Auf Grund der Laborversuche wurde eine größere Anzahl dreischichtiger Spanplatten (mit gleicher Rohdichte und Dicke wie die Laborspanplatten mit 20 Gew.-% Eichenholzspänen und 80% Hobel- und Schälspänen aus Nadelholz in der Mittelschicht) in einem Spanplattenwerk, also unter Betriebsverhältnissen, hergestellt. Ihre physikalisch-mechanischen Eigenschaften wurden mit denen der dreischichtigen Spanplatten ohne Eichenholzspäne aus der laufenden Produktion (Deckschichten aus Kiefernholzschneidspänen, Mittelschicht aus Hobel- und Schälspänen) verglichen. Die dabei erzielten Werte bestätigten die Ergebnisse der Laborversuche. Dabei ist zu bemerken, daß der Rindenanteil des Eichenholzes bei einem Zusatz von 20% in der gemischten Verarbeitung mit Hobel- und Schälspänen in der Mittelschicht nicht nur technologisch, sondern auch im Aussehen nicht in Erscheinung getreten ist.

4.3 Herstellung und Bewertung von dreischichtigen 16 mm dicken Holzspanplatten mit verschiedenem Anteil an Eichenholzspänen aus Eichenholzschwarten in der Mittelschicht (Laborversuche mit industriell hergestellten Spänen)

In manchen in der Nähe von Spanplattenwerken gelegenen Sägewerken fallen bei der Bearbeitung von Eichenholz größere Mengen Schwarten an, für die Abnehmer kaum zu finden sind. Mit dem Ziel der Verwertung dieser Schwarten in der Spanplattenindustrie wurden Versuche zur Zerspanung von Eichenholzschwarten angestellt und dann der Einfluß verschiedener Anteile von Eichenholzspänen in der Mittelschicht auf die physikalisch-mechanischen Eigenschaften der Spanplatten untersucht.
Alle zur Durchführung der Versuche erforderlichen Holzspäne wurden unter betrieblichen Verhältnissen hergestellt. Für Deckschichten wurde Kiefernholz ohne Rinde und Rotbuchenholz mit Rinde in einem Gewichtsverhältnis von fünf Sechsteln Kiefernholz zu einem Sechstel Rotbuchenholz mit dem Hombak-Zerspaner vom Typ Z 114 G zerspant. Die Zerspanung von Holz zu Mittelschichtspänen, nämlich von Eichenholzschwarten, Kiefernholzschwarten sowie Erlen- und Birkenrundholz erfolgte mit dem Hombak-Zerspaner vom Typ U. Die anteilmäßige Verwendung dieser Sortimente in der Mittelschicht ist aus Tab. 5 ersichtlich. Zur Beurteilung der Spanqualität aus den genannten Sorti-

menten wurden Spananalysen durchgeführt. Die Auswertung dieser Messungen erfolgte auf graphischem Wege, und zwar wurden die Summenverteilungen der Abmessungen auf Wahrscheinlichkeitspapier aufgetragen und so die Unterschiede der einzelnen Spansorten aus den verschiedenen Holzsortimenten durch Vergleich der kennzeichnenden Meßzahlen, wie Durchschnitt und Streuung, bestimmt.

Die Ergebnisse dieser an Kiefern- und Buchenholzspänen (Deckschicht) sowie an Eichen-, Kiefern-, Erlen- und Birkenholzspänen (Mittelschicht) durchgeführten Untersuchungen sind in den Abb. 10–18 dargestellt.

Nachstehend wird kurz auf die Art der Durchführung dieser Auswertung eingegangen.

Wird Holz zu Spänen zerspant, so entsteht immer ein Gemisch aus Spänen sehr verschiedener Abmessungen. Die Entnahme der Späne für die Messungen erfolgte entsprechend der Verteilung der Spangewichtsanteile, die durch Fraktionierung mit einem Prüfsieb bestimmt wurden. Die Maschenweiten der Prüfsiebe entsprachen DIN 1171. Die Untersuchungen haben gezeigt, daß die Häufigkeitsverteilung der Späneabmessungen (rel. Häufigkeit des Spangewichtsanteils) asymmetrisch verläuft. Trägt man jedoch die Häufigkeitsverteilung logarithmisch auf, so nähert sie sich der Gaußschen Normalverteilung. Aus diesem Grunde können die asymmetrischen Verteilungen mit ziemlich guter Annäherung durch normale Verteilungen der Logarithmen der Späneabmessungen dargestellt werden. In einem Koordinatensystem mit Ordinatenteilung nach dem Gaußschen Integral und linear geteilter Abszisse (Wahrscheinlichkeitspapier), auf der die Logarithmen der Späneabmessungen aufgetragen werden, wird die Summenkurve einer Normalverteilung zu einer Geraden. Der arithmetische Mittelwert ($\bar{x}$) der Logarithmen der Spanabmessungen entspricht dem geometrischen Mittel (Zentralwert) $\tilde{x}$ ihres Zahlenwertes (unterhalb und oberhalb dieses Wertes liegen jeweils 50% aller Werte); ebenso entspricht die Standardabweichung s der Logarithmen dem Streuungsmaß ε der Späneabmessungen (68,3% aller Werte liegen im Bereich $\tilde{x} : \varepsilon$ bis $\tilde{x} \cdot \varepsilon$). Das geometrische Mittel $\tilde{x}$ und das Streuungsmaß ε können graphisch bestimmt werden. Im Gegensatz zur Darstellung der Häufigkeitsverteilung der Späneabmessungen mit linear geteilten Koordinaten kann man bei der Darstellung der Häufigkeitsverteilung im Wahrscheinlichkeitsnetz durch die Streckung des Kurvenverlaufs zu einer Geraden mit einer geringeren Anzahl von Messungen auskommen.

Die Spanplatten mit verschiedenen Eichenholzspäneanteilen (10, 15 und 20%) in der Mittelschicht wurden im Labor hergestellt. Die Festharzmenge (Harnstoff-Formaldehydharz) je 100 g atro Späne betrug in den Deckschichten (je 20 Gew.-%) 9,5%, in der Mittelschicht (60 Gew.-%) 8%. Die Rohdichte der Spanplatten war auf 0,63 g/cm³, ihre Dicke auf 16 mm eingestellt. Die Preßtemperatur betrug 185°C, Schließ- und Preßzeit insgesamt 6 min. Die angeführten Herstellungsbedingungen entsprechen denen eines für die Verwertung von Eichenschwarten besonders interessierten Spanplattenwerkes. Nach der Klimatisierung der Spanplatten wurden Dickenquellung, Biege- und Querzugfestigkeit der Platten untersucht.

Tab. 5 Physikalisch-mechanische Eigenschaften von dreischichtigen 16 mm dicken Spanplatten (mit Hydrophobierung; 185° C Preßtemperatur) mit unterschiedlichem Anteil an Eichenholzspänen aus Schwarten in der Mittelschicht

Platten-typ Nr.	Deckschichten 2/5 Gew.-Anteil		Plattenaufbau Mittelschicht 3/5 Gew.-Anteil		Rohdichte	Dickenquellung		Biege-festigkeit	Querzug-festigkeit
	Holzarten-mischungs-verhältnis [Gew.-%]	Bindemittel-aufwand [g FH/100 g atro Späne]	Holzarten-mischungs-verhältnis [Gew.-%]	Bindemittel-aufwand [g FH/100 g atro Späne]	r_u [g/cm³]	2 Std. [%]	24 Std. [%]	[kp/cm²]	[kp/cm²]
1	17 Buche, 83 Kiefer	9,5	0 Eiche*, 33 Kiefer, 67 Erle u. Birke	8	0,63	3,0	12,5	212	8,5
2	17 Buche, 83 Kiefer	9,5	10 Eiche*, 30 Kiefer, 60 Erle u. Birke	8	0,63	2,5	12,0	210	8,3
3	17 Buche, 83 Kiefer	9,5	15 Eiche*, 28 Kiefer, 57 Erle u. Birke	8	0,63	3,0	13,0	201	7,9
4	17 Buche, 83 Kiefer	9,5	20 Eiche*, 26 Kiefer, 54 Erle u. Birke	8	0,63	3,0	12,0	204	7,6

* Schwarten.

Bei Betrachtung von Tab. 5 ist festzustellen, daß sich selbst bei einem Gewichtsanteil an Eichenholzspänen von 20% in der Mittelschicht die Werte für Dickenquellung, Biege- und Querzugfestigkeit im Bereich der üblichen Schwankungsbreite bewegen. Demzufolge können Eichenholzspäne aus Schwarten in der genannten Menge der Mittelschicht von dreischichtigen Spanplatten zugefügt werden, ohne daß praktisch eine Veränderung der physikalisch-mechanischen Eigenschaften der Spanplatten eintritt.

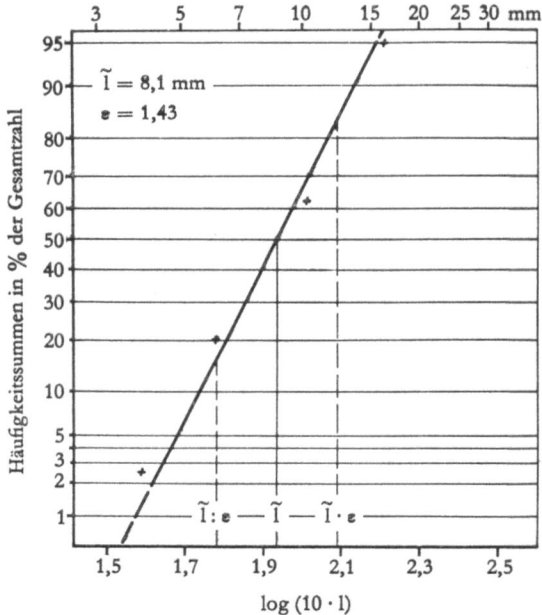

Abb. 10 Verteilung der Spanlängen eines Gemisches von Deckschichtspänen aus Buchen- und Kiefernholz im Wahrscheinlichkeitsnetz

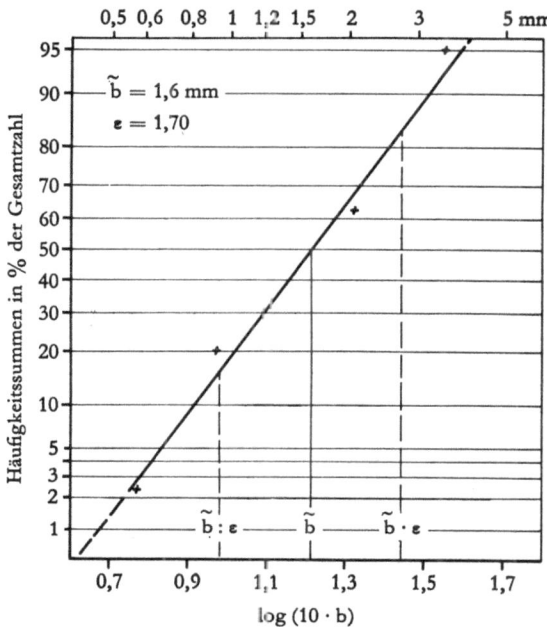

Abb. 11 Verteilung der Spanbreiten eines Gemisches von Deckschichtspänen aus Buchen- und Kiefernholz im Wahrscheinlichkeitsnetz

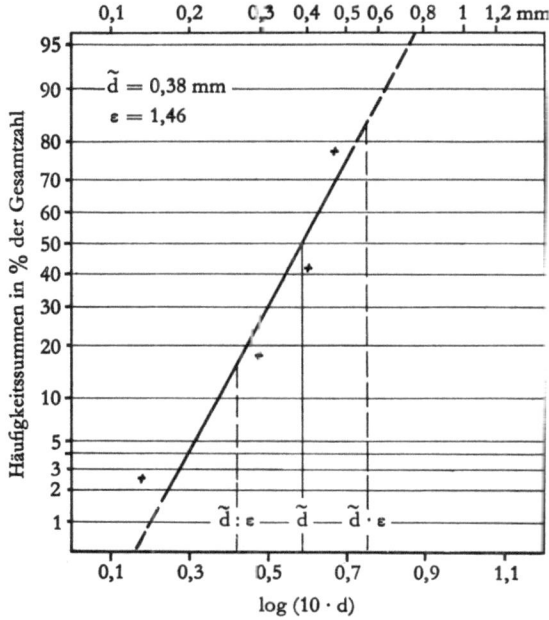

Abb. 12 Verteilung der Spandicken eines Gemisches von Deckschichtspänen aus Buchen- und Kiefernholz im Wahrscheinlichkeitsnetz

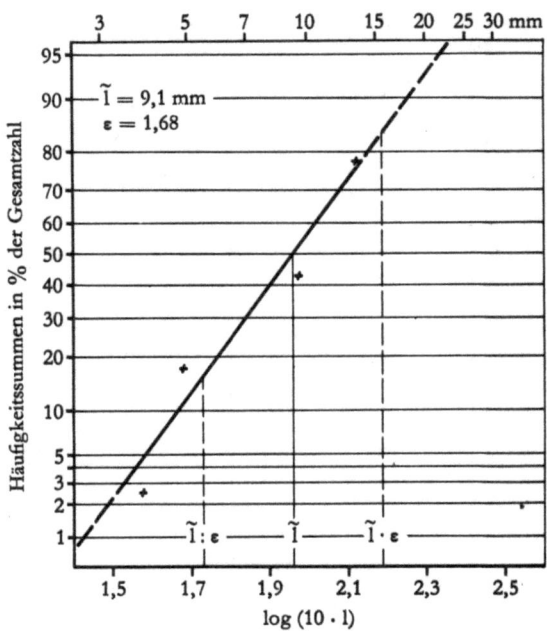

Abb. 13 Verteilung der Spanlängen eines Gemisches von Mittelschichtspänen aus Kiefern-, Erlen- und Birkenholz im Wahrscheinlichkeitsnetz

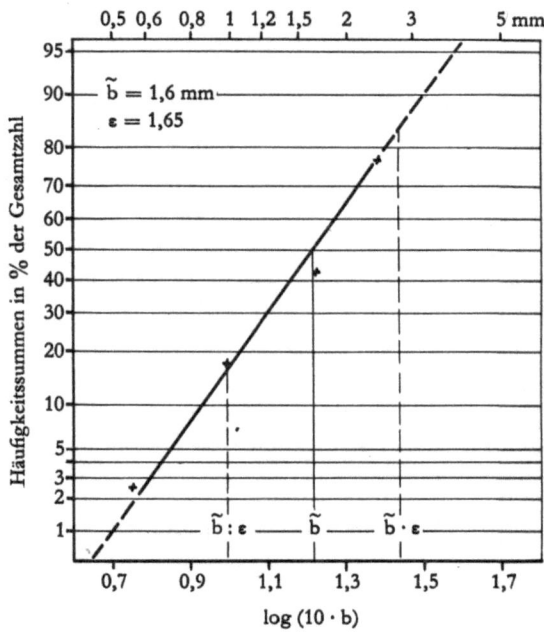

Abb. 14 Verteilung der Spanbreiten eines Gemisches von Mittelschichtspänen aus Kiefern-, Erlen- und Birkenholz im Wahrscheinlichkeitsnetz

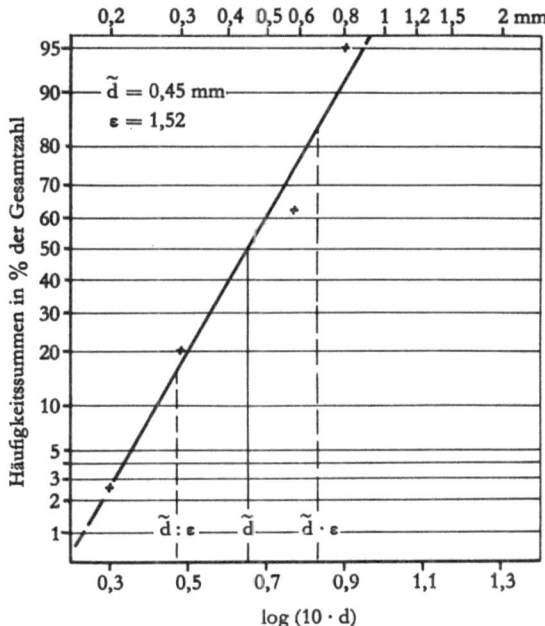

Abb. 15 Verteilung der Spandicken eines Gemisches von Mittelschichtspänen aus Kiefern-, Erlen- und Birkenholz im Wahrscheinlichkeitsnetz

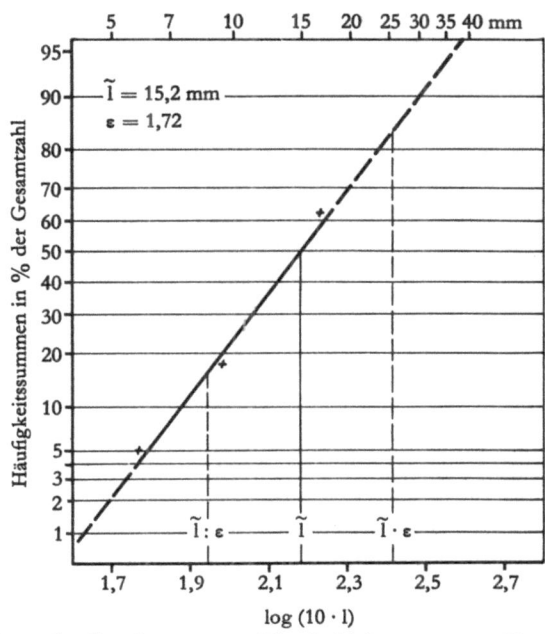

Abb. 16 Verteilung der Spanlängen von Mittelschichtspänen aus Eichenholzschwarten im Wahrscheinlichkeitsnetz

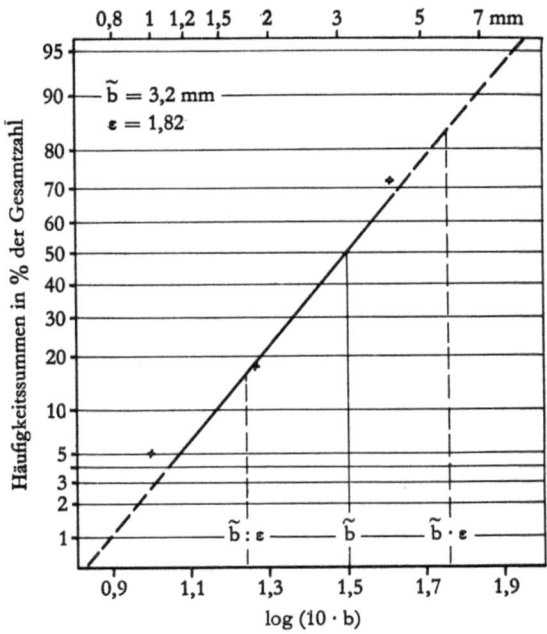

Abb. 17 Verteilung der Spanbreiten von Mittelschichtspänen aus Eichenholzschwarten im Wahrscheinlichkeitsnetz

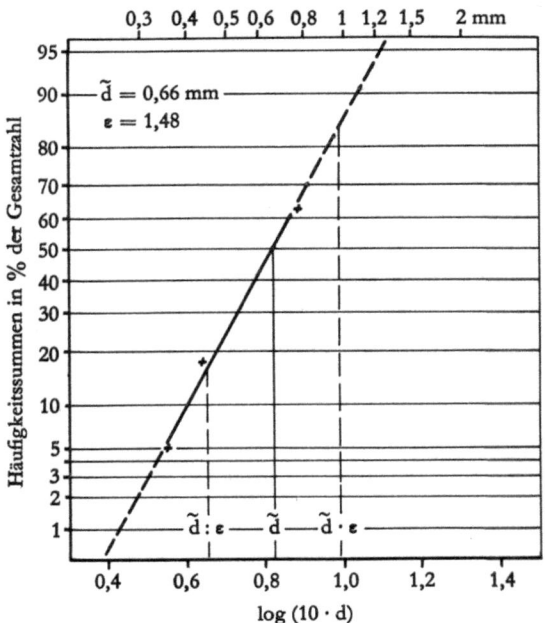

Abb. 18 Verteilung der Spandicken von Mittelschichtspänen aus Eichenholzschwarten im Wahrscheinlichkeitsnetz

4.4 Herstellung und Bewertung von 16 mm dicken Spanplatten aus Eichenholz und anderen Holzarten (Industrieversuche, Windschütt-Verfahren)

Im Rahmen dieser Versuche wurden in einem Spanplattenwerk windgeschüttete Spanplatten mit 25 und 100 Gew.-% Eichenholzspänen hergestellt und ihre physikalisch-mechanischen Eigenschaften mit denen der Spanplatten aus der laufenden Produktion mit 30–40% Kiefernholzspänen und 60–70% Buchenholzspänen verglichen. Für die Zerspanung wurden folgende Mischungen von Faserholz verwendet:
1. 30–40% Kiefernholz (entrindet) und 60–70% Buchenholz (unentrindet),
2. 25% Eichenholz (entrindet) und 50% Buchenholz (unentrindet) und 25% Kiefernholz (entrindet),
3. 100% Eichenholz (unentrindet).

Die Feuchtigkeit vor der Zerspanung betrug beim entrindeten Eichenholz rd. 50%, beim unentrindeten Eichenholz rd. 63%, beim Buchenholz rd. 40% und beim Kiefernholz rd. 45%. Das Holz wurde mit einem Hombak-Zerspaner zerspant. Auf die Nachzerkleinerung der ca. 35–40 mm langen, 2–3 mm breiten und 0,35–0,40 mm dicken Späne folgte eine Sichtung. Durch den Sichtvorgang wurde ein großer Teil der kleinstückigen und pulverförmigen Rinde aus dem Spangut entfernt. Dann wurden die Späne mit Harnstoff-Formaldehydharz (8 g FH/100 g atro Späne) ohne Zusatz von Hydrophobierungsmitteln beleimt, zu Matten geformt (Windschüttung) und bei 170°C Preßtemperatur zu 16 mm dicken Spanplatten mit 0,66 g/cm^3 Rohdichte verpreßt; die Schließ- und Preßzeit betrug rd. 3½ min. Nach der Klimatisierung wurden die Dickenquellung, Biege- und Querzugfestigkeit aller drei Spanplattentypen geprüft.
Wie aus Tab. 6 hervorgeht, ist die Dickenquellung der Spanplatten bei den drei Typen mit den angegebenen Mischungsverhältnissen etwa gleich groß.
Die *Biege-* und *Querzugfestigkeit* der Spanplatten aus 30–40% Kiefern- und 60–70% Buchenholzspänen bzw. 25% Eichen-, 50% Buchen- und 25% Kiefernholzspänen ist *praktisch* gleich hoch. Auch Spanplatten nur aus Eichenholzspänen besitzen praktisch die gleiche Biege- und Querzugfestigkeit wie die beiden anderen Spanplattentypen; echte Unterschiede bestehen nicht. Da die meisten Spanplatten in furniertem Zustand weiterverarbeitet werden, stört der dunklere Farbton der Eichenholzspäne nicht. Demzufolge können Spanplatten bei Verwendung bzw. Mitverwendung von Eichenholz unter den angeführten Bedingungen ohne weiteres nach dem Windschütt-Verfahren hergestellt werden.

Tab. 6 *Physikalisch-mechanische Eigenschaften von 16 mm dicken Spanplatten (mit Hydrophobierung; 170° C Preßtemperatur) mit und ohne Eichenholzspäne nach dem Windschütt-Verfahren*

Plattentyp Nr.	Holzarten-mischungs-verhältnis [%]	Bindemittel-aufwand [g FH/100 g atro Späne]	Rohdichte r_u [g/cm³]	Dickenquellung 2 Std. [%]	Dickenquellung 24 Std. [%]	Biegefestigkeit [kp/cm²]	Querzugfestigkeit [kp/cm²]
1	30–40 Kiefer, 60–70 Buche	8	0,66	3,0	12,5	212	5,1
2	25 Eiche, 50 Buche, 25 Kiefer	8	0,66	3,0	12,5	208	4,9
3	100 Eiche	8	0,66	2,5	12,0	201	4,6

4.5 Herstellung und Bewertung von 13 mm dicken Holzspanplatten nach dem Strangpreß-Verfahren mit und ohne Eichenholz (Industrieversuche)

In einem Spanplattenwerk wurden stranggepreßte Spanplatten mit verschiedenem Anteil an Eichenholzspänen hergestellt und ihre physikalisch-mechanischen Eigenschaften mit denen der Spanplatten aus der laufenden Produktion, nämlich aus Buchen- und Kiefernholzspänen, verglichen. Für die Herstellung von Spänen diente Eichenholz in Form von Rollen und Scheiten in Faser- und zum Teil Brennholzqualität. Das unentrindete Eichenholz wurde zunächst mit einer Hackmaschine zerkleinert und dann die Hackschnitzel in einem Messerringzerspaner zerspant. Im Vergleich zu den in gleicher Weise hergestellten Buchenholzspänen fielen die Eichenholzspäne etwas länger und schlanker aus; derartige Späne sind für das Strangpreß-Verfahren jedoch nicht von Nachteil. Eine Sichtung der Späne wurde nicht vorgenommen. Im einzelnen wurden für die Herstellung von drei Spanplattentypen folgende Holzarten bzw. Spanmischungen verwendet:
1. 50% Buchenholzspäne und 50% Kiefernholzspäne,
2. 50% Eichenholzspäne und 50% Sägespäne aus Nadelholz,
3. 100% Eichenholzspäne.

Bei den Sägespänen handelt es sich um Gatterspäne aus verschiedenen Sägewerken. Die Beleimung der Späne erfolgte mit Harnstoff-Formaldehydharz (rd. 5,5 g FH/100 g atro Späne) ohne Zusatz von Hydrophobierungsmitteln in einer kontinuierlich arbeitenden technischen Beleimungsmaschine. Die Preßtemperatur betrug 170° C. Alle drei Spanplattentypen wurden in einer Dicke von rd. 13 mm und einer Rohdichte von rd. 0,66 g/cm³ hergestellt. Nach der Klimatisierung wurden die physikalisch-mechanischen Eigenschaften der Spanplatten geprüft. Wie aus Tab. 7 ersichtlich, ist die in DIN 68761/Bl. 1 für Strangpreßplatten geforderte maximale *Dickenquellung* von 3% bei zweistündiger Lagerung der Proben in Wasser von allen drei Spanplattentypen erfüllt. Echte Unterschiede der Dickenquellungswerte zwischen den Spanplattentypen nach 24stündiger Lagerung in Wasser bestehen nicht. Die *Längsquellung*, d. h. die Quellung in Herstellungsrichtung der Strangpreßplatten, war am günstigsten bei Spanplatten aus 50% Eichenholz und 50% Sägespänen; wahrscheinlich wirkt sich die Kombination Sägespäne und Eichenholzspäne vorteilhaft auf die Längsquellung aus. Auch die in DIN 68761/Bl. 1 für Strangpreßplatten geforderten Mindestwerte für *Biegefestigkeit* und *Querzugfestigkeit* wurden von allen drei Spanplattentypen erfüllt. Zusammenfassend ergibt sich, daß Strangpreßplatten aus 50 bzw. 100% Eichenholzspänen im Hinblick auf die physikalisch-mechanischen Eigenschaften solchen aus 50% Buchenholzspänen und 50% Kiefernholzspänen durchaus gleichzusetzen sind; Strangpreßplatten (Typ 2) mit 50% Sägespänen und 50% Eichenholzspänen weisen sogar bessere Quellungswerte auf; außerdem wird durch Mitverarbeitung von Sägespänen eine bessere Geschlossenheit der Oberflächen erreicht. Da beim Strangpreß-Verfahren die Verarbeitung von Eichenholz im unentrindeten Zustand ohne weiteres technisch möglich ist, hängt die Einbringung von Eichenholz in diesen speziellen Zweig der Spanplattenindustrie nur von wirtschaftlichen Faktoren ab.

Tab. 7 *Physikalisch-mechanische Eigenschaften von 13 mm dicken Spanplatten (ohne Hydrophobierung; 170°C Preßtemperatur) mit und ohne Eichenholz nach dem Strangpreß-Verfahren*

Platten- typ Nr.	Holzarten- mischungs- verhältnis [Gew.-%]	Bindemittel- aufwand [g FH/100 g atro Späne]	Roh- dichte r_u [g/cm³]	Dickenquellung 2 Std. [%]	Dickenquellung 24 Std. [%]	Längsquellung 2 Std. [%]	Längsquellung 24 Std. [%]	Biegefestigkeit ⊥ zur Her- stellungs- richtung [kp/cm²]	Biegefestigkeit ∥ zur Her- stellungs- richtung [kp/cm²]	Querzugfestigkeit ⊥ zur Her- stellungs- richtung [kp/cm²]	Querzugfestigkeit ∥ zur Her- stellungs- richtung [kp/cm²]
1	50 Buche, 50 Kiefer	5,5	0,66	3,0	5,0	16,5	22,0	135	20	37	6,0
2	50 Eiche, 50 Nadelholz (Sägespäne)	5,5	0,66	2,5	4,5	12,5	16,5	135	23	57	8,0
3	100 Eiche	5,5	0,66	3,0	5,0	15,5	20,5	125	20	57	6,5

5. Ausblick — Rohstoffliche Betrachtungen

Im Jahre 1964 betrug die Produktion von Holzspanplatten in der Bundesrepublik Deutschland rd. 1,5 Mill. m³; der dazu erforderliche Rohholzverbrauch belief sich auf ca. 2,3 Mill. fm Holz. Davon entfielen 1 Mill. fm auf Nadelwaldholz, 380 000 fm auf Laubwaldholz (davon 220 000 fm Buchenholz, 75 000 fm Pappelholz, 55 000 fm Birkenholz und 30 000 fm sonstiges Laubholz) und 920 000 fm auf Industrierestholz (245 000 fm auf stückige Reste [Nadel- und Laubholz] und 675 000 fm auf Hobel- und Schälspäne [Nadelholz]). Unter Berücksichtigung der Tatsache, daß die Produktionskapazität zur Zeit (Frühjahr 1966) mindestens 2 Mill. m³ beträgt, ist damit zu rechnen, daß innerhalb der nächsten Jahre eine Jahresproduktion von rd. 2 Mill. m³ Spanplatten überschritten wird [13]. Dazu werden über den gegenwärtigen Holzverbrauch hinaus zusätzlich ca. 0,7–0,8 Mill. fm Rohholz benötigt. Da in den kommenden Jahren die Menge des verfügbaren Industrierestholzes, relativ gesehen, abnehmen wird, ist damit zu rechnen, daß sich der Mehrbedarf auf Waldholz verlagert. Die bisherige anteilmäßige Zusammensetzung im Rohholzverbrauch der Spanplattenindustrie geht aus Tab. 8 hervor. Danach betrug der Waldholzanteil in den letzten Jahren rd. 60%, während an Industrierestholz 40% verbraucht wurden. Geht man von einem höheren Waldholzanteil, zum Beispiel von 65–70% aus, würde der jährliche Mehrbedarf der Spanplattenindustrie an Waldholz in den nächsten Jahren mit mindestens 100 000 fm zu veranschlagen sein. Der Mehrbedarf an Waldholz könnte infolge Rückganges des Bedarfs an Grubenholz zum Teil auch aus dem

Tab. 8 Anteilmäßige Aufgliederung des Rohholzverbrauches in der Spanplattenindustrie der Bundesrepublik Deutschland, 1954–1964

Jahr	Waldholz			Industrierestholz		
	Nadelholz	Laubholz	Zusammen	Stückreste (Nadel- und Laubholz)	Hobel- und Schälspäne (Nadelholz)	Zusammen
	[%]	[%]	[%]	[%]	[%]	[%]
1954	50	14	64	29	7	36
1956	51	17	68	23	9	32
1958	46	18	64	20	16	36
1960	45	15	60	13	27	40
1962	42	17	59	13	28	41
1963	46	16	62	10	28	38
1964	42	18	60	11	29	40

Kiefernholz gedeckt werden. Günstigere Aussichten für die Bedarfsdeckung bestehen jedoch im Laubholzsektor. Auf dem Buchenholzmarkt wird sicherlich ein wesentlicher Teil dieses Bedarfs zu befriedigen sein. Weiter werden schon jetzt jährlich ca. 75 000 fm Pappelholz in der westdeutschen Spanplattenindustrie verwendet [14]; die Hälfte davon entfällt allerdings auf den Import. Obgleich in den nächsten Jahren mit einem zusätzlichen und nachhaltigen Anfall von Pappelholz zu rechnen ist, darf nicht vergessen werden, daß ein Teil davon von der Papier- und Zellstoffindustrie aufgenommen wird. Birkenholz ist zum großen Teil von der Industrie bereits aufgenommen worden, so daß sich nach und nach seine Reserven erschöpfen werden. Als weitere Holzart steht dann vor allem das Eichenholz aus dem Schichtholzsektor (Brennholz) zur Verfügung.

Während man zum Beispiel in Frankreich Eichenholz o h n e Mischung mit anderen Holzarten von der Spanplattenindustrie verwendet, wird es bei uns vorwiegend für die Mittelschicht der Spanplatten in Mischung mit anderen Holzarten in Frage kommen. Aber selbst dort, wo Eichenholz in Mischung mit anderen Holzarten in die Außen- oder Deckschichten der Spanplatten gelangt, konnte nach Erfahrungen der Industrie keine wesentliche Beeinträchtigung des Verfahrensablaufs festgestellt werden (s. Abschnitt 4.4 und 4.5); zum Beispiel ergab sich keine Korrosion der Preßwerkzeuge oder der Preßbleche. Ferner wurde festgestellt, daß beim Furnieren derartiger Spanplatten mit dunklen oder dickeren Furnieren keine Fleckenbildung in Erscheinung trat [3].

Somit bestehen für Eichenholz verhältnismäßig gute Aussichten für seine Verwertung in der Spanplattenindustrie. Unter Berücksichtigung der Tatsache, daß die Transportkosten in einem angemessenen Verhältnis zum Holzpreis stehen müssen (der Holzpreis darf beim Eichenschichtholz in Faserholzqualität etwa 85% des Preises von Buchenfaserholz betragen), sollte Eichenholz allerdings außerhalb der Einzugsgebiete der Spanplattenindustrie nicht herangezogen werden.

6. Zusammenfassung

1. Der Anfall an Eichenschichtholz in der Bundesrepublik Deutschland beträgt jährlich rd. 1 Mill. fm o. R. Bei sorgfältiger Sortierung in Anlehnung an die Qualitätsmerkmale für Buchenfaserholz eignen sich ca. 50–60% des anfallenden Eichenschichtholzes für die Herstellung von Spanplatten.
2. Die Ausbeute in kp/fm liegt beim Eichenschichtholz ($r_{uH} = 0,67$ g/cm³) mit rd. 19% Rindenanteil 15–20% niedriger als beim Buchenfaserholz ($r_{uH} = 0,72$ g/cm³) mit 7% Rindenanteil. Damit Eichenschichtholz in stärkerem Maße als bisher in die Spanplattenindustrie Eingang findet, dürfte sich sein Preis im Hinblick auf die Ausbeute auf nicht mehr als rd. 85% des Preises von Buchenfaserholz belaufen.
3. Da die Kosten für das Schälen von Eichenschichtholz im Walde etwa 77 bis 79% der Kosten für Aufarbeitung einschließlich Rücken bis zu 30 m betragen, soll Eichenschichtholz entweder vor dem Zerspanen im Werk maschinell entrindet oder ähnlich wie Buchenholz unentrindet zerspant werden. Für die Entrindung von Eichenschichtholz in frischem Zustand oder nach ca. einjähriger Lagerung eignet sich gut die Cambio-Entrindungsmaschine. Eichenholzrinde hat zwar höheren Aschengehalt (4–7%) als Buchenholzrinde (3–4%), ist aber nicht so reich an harten Steinzellen wie die Buchenholzrinde; demzufolge bestehen keine wesentlichen Unterschiede im Hinblick auf die Standzeit von Messern beim Zerspanen von unentrindetem Eichen- und Buchenholz. Etwa 80% der kleinstückigen und pulverförmigen Rinde lassen sich durch Sichtung oder Siebung der Späne aus dem Spangut entfernen. Bei ungünstigen Zerspanungsbedingungen, wie starkem Fremdkörperanteil der Rinde (Sand) und sehr trockenem Holz, können sich die Messerstandzeiten beim Zerspanen von Eichenschichtholz stark verkürzen.
4. Da die Verdichtung von Spänen (dünne, flächige Schneidspäne) während des Preßvorgangs von der Rohdichte des Holzes abhängig ist, liegen die Werte für Dickenquellung, Biege- und Querzugfestigkeit von *ein*schichtigen, 16 mm dicken Spanplatten (mit einer Plattenrohdichte von 0,60 g/cm³) aus Eichenholz ($r_{uH} = 0,67$ g/cm³) niedriger als bei unter gleichen Bedingungen hergestellten Spanplatten aus Kiefernholz ($r_{uH} = 0,51$ g/cm³); sie liegen im Bereich der Werte von Spanplatten aus Buchenholz ($r_{uH} = 0,72$ g/cm³). Bei höherer Plattenrohdichte (0,67 g/cm³) ergeben sich etwa gleiche Werte für die Festigkeit der Spanplatten aus Eichenholz wie bei solchen mit niedrigerer Rohdichte (0,60 g/cm³) aus Kiefernholz.
5. Praktisch bestehen keine Unterschiede zwischen den physikalisch-mechanischen Eigenschaften von Spanplatten aus Roteichenholz und solchen aus Stiel- und Traubeneichenholz.

6. Die physikalisch-mechanischen Eigenschaften von *drei*schichtigen Spanplatten mit 20% Eichenholzschneidspänen und 80% Hobelspänen aus Nadelholz in der Mittelschicht unterscheiden sich praktisch nicht von denen der Spanplatten mit einer Mittelschicht nur aus Hobel- und Schälspänen aus Nadelholz.
7. Eichenholzschneidspäne aus Schwarten, die in Sägewerken anfallen, können bedenkenlos bis zu 20% der Mittelschicht von dreischichtigen Spanplatten beigemischt werden, ohne daß eine Verschlechterung der physikalisch-mechanischen Eigenschaften der Spanplatten eintritt.
8. Zur Herstellung von Spanplatten nach dem Windschütt-Verfahren kann Eichenholz allein oder in Mischung mit anderen Holzarten (Buche und Kiefer) ohne weiteres verwendet werden. Es bestehen keine echten Unterschiede zwischen den Biege- und Querzugfestigkeitswerten sowie der Quellung dieser Platten. Der verhältnismäßig dunklere Farbton der Eichenholzspäne stört im allgemeinen nicht, da die meisten Spanplatten furniert werden.
9. Nach dem Strangpreß-Verfahren hergestellte Holzspanplatten mit 50 bzw. 100% Eichenholzspänen (Messermühle) besitzen etwa die gleichen physikalisch-mechanischen Eigenschaften wie Platten aus 50% Buchenholzspänen und 50% Kiefernholzspänen; Strangpreßplatten mit 50% Sägespänen aus Nadelholz und 50% Eichenholzspänen weisen sogar günstigere Quellungswerte und eine bessere Geschlossenheit der Oberfläche auf als solche mit 100% Eichenholzspänen bzw. als solche mit 50% Buchenholzspänen und 50% Kiefernholzspänen.
10. Geht man von einem jährlichen Mehrbedarf der Spanplattenindustrie an Waldholz in den nächsten Jahren von rd. 100 000 fm aus, so kann Eichenschichtholz als sichere Rohholzreserve angesehen werden. Im Hinblick darauf, daß Transportkosten im angemessenen Verhältnis zu dem vergleichsweise niedrigen Preis für Eichenschichtholz liegen müssen, darf Eichenschichtholz jedoch nicht außerhalb der Einzugsgebiete der Spanplattenwerke herangezogen werden, um überhaupt konkurrenzfähig zu sein.

Dr. rer. nat. GÜNTHER STEGMANN
Dipl.-Forsting. JAROSLAV DURST

7. Literaturverzeichnis

[1] Bericht über die Besprechung »Rohholzversorgung der Holzfaser- und Holzspanplattenindustrie im Land Niedersachsen« am 24. Mai 1950 in Braunschweig.

[2] Bericht über die Besprechung »Verwertung von Eichenschichtholz für die Holzspanplattenfabrikation« am 2. März 1960 im Forstamt Peine. Bericht 61/1960 des Wilhelm-Klauditz-Instituts für Holzforschung Braunschweig.

[3] Bericht über die Besprechung »Verwertung von Eichenschichtholz für die Holzspanplattenfabrikation« am 5. Dezember 1961 in Braunschweig. Bericht 78/1962 des Wilhelm-Klauditz-Instituts für Holzforschung Braunschweig.

[4] Berichte über »Entwicklung und Herstellung von Holzspanplatten«; Berichte der in Braunschweig abgehaltenen Sitzungen des gleichnamigen Arbeitsausschusses der DGfH Stuttgart 1952, 1954, 2/55, 2/56, 1/57, 3/58, 2/59, 1/61 (zusammengestellt vom Wilhelm-Klauditz-Institut für Holzforschung Braunschweig).

[5] KLAUDITZ, W., Untersuchungen über die Eignung verschiedener Holzarten, insbesondere von Rotbuchenholz zur Herstellung von Holzspanplatten. Bericht 25/1952 des Wilhelm-Klauditz-Instituts für Holzforschung Braunschweig.

[6] KLAUDITZ, W., Stand der technischen Verwertung von schwachen Holzsortimenten. Vortrag anläßlich der Tagung des Norddeutschen Forstvereins Hannover am 17. Mai 1954.

[7] KLAUDITZ, W., und A. BURO, Untersuchungen an Spanplatten aus Spangemischen verschiedener Holzarten. Bericht 64/1960 des Wilhelm-Klauditz-Instituts für Holzforschung Braunschweig; Holz-Zentralbl. 86 (1960) 85, S. 1195–1197.

[8] KLAUDITZ, W., und W. GRÜNEWALD, Stand und Entwicklung der Produktion und des Rohholzverbrauches der Holzspanplattenindustrie in der Bundesrepublik Deutschland. Bericht 55/1958 des Wilhelm-Klauditz-Instituts für Holzforschung Braunschweig.

[9] KLAUDITZ, W., und G. STEGMANN, Über die Eignung von Pappelholz zur Herstellung von Holzspanplatten. Holzforschung 11 (1957) 5/6, S. 174–179.

[10] STEGMANN, G., Unveröffentlichter Vortrag anläßlich der Mitgliederversammlung des Vereins für technische Holzfragen e. V. in Braunschweig am 4. Juni 1964.

[11] STEGMANN, G., und J. DURST, Spanplatten aus Buchenholz. Bericht 85/1964 des Wilhelm-Klauditz-Instituts für Holzforschung Braunschweig; Holz-Zentralbl. 90 (1064) 153, Beilage »Moderne Holzverarbeitung« Nr. 58, S. 314.

[12] STEGMANN, G., und W. STORCK, Die Verwertung von schwachem Waldholz und Industrierestholz für die Herstellung von Holzspanplatten, Holzfaserplatten sowie von Zellstoff und Holzschliff in der Bundesrepublik Deutschland (nach Unterlagen bis 1962). Bericht 81/1963 des Wilhelm-Klauditz-Instituts für Holzforschung Braunschweig; Holz-Zentralbl. 89 (1963) 154/155/156, S. 2547–2553.

[13] STEGMANN G.: Wirtschaftliche Entwicklung der Spanplattenherstellung und ihr technisch-wissenschaftlicher Stand in der Bundesrepublik Deutschland; Holz-Zentralblatt 61 (1965) 79, Beilage „Moderne Holzverarbeitung" Nr. 72, S. 373–376. Wilhelm-Klauditz-Institut für Holzforschung Braunschweig: Verzeichnis der Spanplattenwerke in der Bundesrepublik Deutschland (Stand: Herbst 1964); Holz-Zentralbl. 90 (1964) 156, S. 2630.

[14] STEGMANN, G., J. DURST und W. KRATZ, Pappelschichtholz als Rohstoff der Spanplattenindustrie. Bericht 88/1965 des Wilhelm-Klauditz-Instituts für Holzforschung Braunschweig; Holzforsch. u. Holzverwertung 17 (1965) 3, S. 37.

FORSCHUNGSBERICHTE
DES LANDES NORDRHEIN-WESTFALEN

Herausgegeben im Auftrage des Ministerpräsidenten Dr. Franz Meyers
vom Landesamt für Forschung, Düsseldorf

HOLZBEARBEITUNG

HEFT 231
Oberregierungsrat Dr.-Ing. W. Küch, Deutsche Gesellschaft für Holzforschung e. V., Stuttgart
Über die Wechselwirkung zwischen Holzschutzbehandlung und Verleimung
1956. 38 Seiten, 10 Abb., 8 Tabellen. DM 10,40

HEFT 905
Prof. Dr.-Ing. Franz Kollmann, Institut für Holzforschung und Holztechnik der Universität München
Untersuchung der wichtigeren Gebrauchseigenschaften von kunstharzbeschichteten Holzfaser- und Holzspanplatten
1960. 102 Seiten, 38 Abb., 12 Tabellen. DM 30,40

HEFT 1043
Prof. Dr.-Ing. Franz Kollmann, Institut für Holzforschung und Holztechnik der Universität München
Untersuchungen über den Abnutzungswiderstand von Holz, Holzwerkstoffen und Fußbodenbelägen
1961. 82 Seiten, 45 Abb., 1 Tabelle. DM 29,80

HEFT 1053
Dr.-Ing. Eberhard Meinecke und Dr.-Ing. Wilhelm Klauditz †, Institut für Holzforschung an der Technischen Hochschule Braunschweig
Über die physikalischen und technischen Vorgänge bei der Beleimung und Verleimung von Holzspänen bei der Herstellung von Holzspanplatten
1962. 120 Seiten, 44 Abb., 4 Tabellen. DM 37,95

HEFT 1164
Dr.-Ing. Eginhard Barz und Dr.-Ing. Siegfried Stendorf u. a., Verein zur Förderung von Forschungs- und Entwicklungsarbeiten in der Werkzeugindustrie e. V., Remscheid
Teil I Arbeitsverhalten von scheibenförmigen Werkzeugen
Teil II Schnittversuche an verleimten Holzwerkstoffen
1963. 90 Seiten, 16 Abb., 6 Tabellen. DM 44,20

HEFT 1181
Prof. Dr.-Ing. Joseph Mathieu und Dipl.-Ing. Kurt Gollnow, Forschungsinstitut für Rationalisierung an der Rhein.-Westf. Technischen Hochschule Aachen
Beitrag zur Rationalisierung handwerklicher Betriebe. Entwicklung einer Untersuchungsmethode, dargestellt am Beispiel des Schreinerhandwerks
1963. 118 Seiten, 19 Abb., zahlr. Übersichten. DM 62,50

HEFT 1281
Prof. Dr.-Ing. Franz Kollmann und Reinwald Teichgräber, Institut für Holzforschung und Holztechnik der Universität München
Die Abhängigkeit der Querzugfestigkeit der Spanplatten vom Anteil an Feingut
1963. 33 Seiten, 25 Abb., 2 Tabellen. DM 18,30

HEFT 1399
Prof. Dr.-Ing. Franz Kollmann und Dr. rer. nat. Adolf Schneider, Institut für Holzforschung und Holztechnik der Universität München
Untersuchungen über den Einfluß von Wärmebehandlungen im Temperaturbereich bis 200°C und von Wasserlagerungen bis 100°C auf wichtige physikalische und physikalisch-chemische Eigenschaften des Holzes
1964. 93 Seiten, 60 Abb., 6 Tabellen. DM 44,80

HEFT 1472
Dr.-Ing. Wilhelm Klauditz †, Dr. rer. nat. Günther Stegmann und Oberingenieur Wolfgang Kratz, Wilhelm-Klauditz-Institut für Holzforschung an der Technischen Hochschule Braunschweig
Untersuchungen über die Herstellbarkeit und Eigenschaften einfacher Holzspan-Formteile insbesondere für den Möbelbau
1965. 63 Seiten, 44 Abb., 4 Tabellen. DM 32,—

HEFT 1520
Dr.-Ing. Wilhelm Klauditz †, Dr. rer. nat. Günther Stegmann, Dr. rer. forst. Andreas Buro, Oberingenieur Wolfgang Kratz und Ing. Hans-Albrecht May, Wilhelm-Klauditz-Institut für Holzforschung an der Technischen Hochschule Braunschweig
Forschungs- und Entwicklungsarbeiten zur Herstellung von Holzspanwerkstoffen für Konstruktionsteile
Ausarbeitung verfahrenstechnischer Methoden zur Herstellung von Holzspan-Verbundwerkstoffen
1965. 47 Seiten, 22 Abb., 7 Tabellen. DM 24,80

HEFT 1522
Prof. Dr.-Ing. Franz Kollmann, Institut für Holzforschung und Holztechnik der Universität München
Einfluß der Vorbehandlung, insbesondere Wärmevorbehandlung, von Holz und Holzwerkstoffen vor der Verleimung, auf die Leimbindefestigkeit
1965. 81 Seiten, 66 Abb., 4 Tabellen. DM 44,50

HEFT 1539
Dr.-Ing. Wilhelm Klauditz †, Dr. rer. nat. Günther Stegmann, Dr. Andreas Buro und Obering. Wolfgang Kratz, Wilhelm-Klauditz-Institut für Holzforschung an der Technischen Hochschule Braunschweig
Forschungs- und Entwicklungsarbeiten zur Herstellung von Holzspanplatten aus Sägespänen und gleichartigem Abfallholz
1965. 60 Seiten, 20 Abb., 8 Tabellen. DM 31,—

HEFT 1586
Rhein.-Westf. Institut für Wirtschaftsforschung, Essen
Die Holzversorgung Nordrhein-Westfalens und des Ruhrgebietes insbesondere über die Binnenwasserstraßen, dargestellt an Hand von Verkehrsbilanzen für Rund- und Schnittholz
In Vorbereitung

HEFT 1631
Dipl.-Ing. Heinz Peters, im Auftrage des Vereins zur Förderung von Forschungs- und Entwicklungsarbeiten in der Werkzeugindustrie e. V., Remscheid
Untersuchung von Kettenwerkzeugen auf die günstigste Gestaltung und Anordnung der Schneiden und Glieder
Teil I:
Entwicklung und Bau eines Versuchsstandes für die Untersuchung von Sägeketten
In Vorbereitung

HEFT 1647
Prof. Dr.-Ing. Franz Kollmann, Dr. rer. nat. Adolf Schneider uud Dipl.-Ing. Willibald Serrand, Institut für Holzforschung und Holztechnik der Universität Münster
Untersuchungen über den Einlaß der Abmessungen und von Feuchtigkeitsschutzbehandlungen von Holzteilen auf die Geschwindigkeit der Feuchtigkeitsänderungen im Konstantklima und auf die Feuchtigkeitsschwankungen im natürlichen Wechselklima
1966. 128 Seiten, 51 Abb., 8 Tabellen. DM 72,80

HEFT 1662
Dr. rer. nat. Günther Stegmann und Dipl.-Forsting. Jaroslav Durst, Wilhelm-Klauditz-Institut für Holzforschung an der Technischen Hochschule Braunschweig
Grundlagenforschung über die technische Nutzbarmachung von geringwertigem Wald- und Abfallholz, Nutzbarmachung von Eichenschichtholz zur Herstellung von Holzspanwerkstoffen

HEFT 1670
Dr.-Ing. habil. Hans Klingelhöffer, Papiertechnische Stiftung, München
Kräfte und Bewegungsgesetze der laufenden Papierbahnen
In Vorbereitung

HEFT 1689
Prof. Dr.-Ing. Franz Kollmann, Dr. rer. nat. Adolf Schneider und Dipl.-Ing. Georg Böhner, Institut für Holzforschung und Holztechnik der Universität München
Untersuchungen über die Erwärmung und Trocknung des Holzes mit Infrarotstrahlern
In Vorbereitung

Verzeichnisse der Forschungsberichte aus folgenden Gebieten können beim Verlag angefordert werden:
Acetylen/Schweißtechnik – Arbeitswissenschaft – Bau/Steine/Erden – Bergbau – Biologie – Chemie – Druck/Farbe/Papier/Photographie – Eisenverarbeitende Industrie – Elektrotechnik/Optik – Energiewirtschaft – Fahrzeugbau/Gasmotoren – Fertigung – Funktechnik/Astronomie – Gaswirtschaft – Holzbearbeitung – Hüttenwesen/Werkstoffkunde – Kunststoffe – Luftfahrt/Flugwissenschaften – Luftreinhaltung – Maschinenbau – Mathematik – Medizin/Pharmakologie – NE-Metalle – Physik – Rationalisierung – Schall/Ultraschall – Schiffahrt – Textilforschung – Turbinen – Verkehr – Wirtschaftswissenschaften.

WESTDEUTSCHER VERLAG · KÖLN UND OPLADEN
567 Opladen/Rhld., Ophovener Straße 1-3

If you have any concerns about our products,
you can contact us on
ProductSafety@springernature.com

In case Publisher is established outside the EU,
the EU authorized representative is:
**Springer Nature Customer Service Center GmbH
Europaplatz 3, 69115 Heidelberg, Germany**

Printed by Libri Plureos GmbH
in Hamburg, Germany